# BEI GRIN MACHT SICH IHR WISSEN BEZAHLT

- Wir veröffentlichen Ihre Hausarbeit, Bachelor- und Masterarbeit

- Ihr eigenes eBook und Buch - weltweit in allen wichtigen Shops

- Verdienen Sie an jedem Verkauf

Jetzt bei www.GRIN.com hochladen und kostenlos publizieren

**Bibliografische Information der Deutschen Nationalbibliothek:**

Die Deutsche Bibliothek verzeichnet diese Publikation in der Deutschen National-
bibliografie; detaillierte bibliografische Daten sind im Internet über http://dnb.d-
nb.de/ abrufbar.



**Impressum:**

Copyright © 2017 GRIN Verlag
Druck und Bindung: Books on Demand GmbH, Norderstedt Germany
ISBN: 9783668623217

**Dieses Buch bei GRIN:**

https://www.grin.com/document/384418

Marco Franke

# Industrie und raumstruktureller Wandel. Der Strukturwandel Bochums (9. Klasse Gymnasium Erdkunde)

GRIN Verlag

Marco Franke
Studienreferendar
Studienseminar Meppen
für das Lehramt an Gymnasien

Bad Bentheim, 31.05.2010

# Lehrprobenentwurf

## - Fach Erdkunde -

**Thema der Unterrichtsreihe:** *Industrie und raumstruktureller Wandel*

**Thema der Unterrichtsstunde:** *Strukturwandel Bochums*

Lerngruppe:     9
Datum:     02.06.2017
Zeit:     12.20 – 13.05

# 1 Bemerkungen zur Lerngruppe

Seit Anfang Februar unterrichte ich die Klasse … (15 Schülerinnen und 15 Schüler[1]) zwei Stunden in der Woche eigenverantwortlich, in der eine lebhafte und produktive Lern- und Arbeitsatmosphäre herrscht. Das allgemeine Leistungsniveau der Klasse ist als heterogen zu bezeichnen, was sich sowohl im Rahmen der schriftlichen Leistungen, als auch im Rahmen der mündlichen Teilhabe äußert. Die Klasse zeigt sich überwiegend interessiert und motiviert gegenüber dem Reihenthema *Ruhrgebiet*. Dies lässt sich z.B. auf die räumliche Nähe des Schulortes zum Unterrichtsgegenstand zurückführen. Besonderes Interesse lässt sich bei Schülern feststellen, die aus dieser Region zum Schulort zugezogen sind (z.B. …). Die Heterogenität des Leistungsniveaus lässt sich weiterhin durch die Quantität und Qualität der mündlichen Leistungen herausstellen. Besonders … zeichnen sich durch qualitativ hohe Redebeiträge aus, wobei letzterer insbesondere durch kritische Äußerungen und Nachfragen der Beiträge der Mitschüler zum genaueren Nachfragen anregt. Im guten Leistungsbereich befinden sich …., die den Unterricht regelmäßig mit ihren Beiträgen bereichern, jedoch häufiger Probleme mit der korrekten Fachsprache und der Einbindung ihrer Aussagen in den Unterrichtsprozess haben. An diesen Stellen muss die Lehrkraft dementsprechend nachschärfen. Diese gilt insbesondere weiterhin für die Schüler des mittleren und unteren Leistungsniveaus (….). Ihre Aussagen sind oft vorschnell und oberflächlich formuliert, so dass hier stets Handlungsbedarf seitens des Lehrers besteht. Eine besondere Rolle nimmt … ein. Er bringt sein großes Fachwissen und seine Analysefähigkeit nur selten in das Unterrichtsgeschehen mit ein, zeigt aber deutliche Stärken bei direkter Ansprache. Weitere passive Rollen nehmen … ein. Um ihrer Passivität entgegenzuwirken, werden sie häufig bei Präsentationen oder bei der Besprechung der Hausaufgaben gezielt eingebunden. Zusammenfassend lässt sich sagen, dass in der Klasse eine Leistungsheterogenität vorherrscht. Besonders bei der gezielten Auswertung von Karten, Diagrammen und Statistiken haben noch viele Schüler Schwierigkeiten. Dies gilt insbesondere für die Unterscheidung von relativen und absoluten Zahlen, obwohl diese wiederholt Arbeitsweisen im Unterricht sind. In der Lehrprobenstunde wird dieses berücksichtigt, indem das Vertiefungsmaterial diese Probleme aufgreift. In der Lerngruppe entwickeln sich bei der Bewertung von Unterrichtsgegenständen häufig Diskussionen, da die Schüler mehrperspektivische Haltungen demgegenüber aufweisen. Diese werden bei der Planung des Unterrichtes stets berücksichtigt.

# 2 Curriculare Einordnung

Die Lehrprobe findet in der 7. der auf 10 Stunden angelegten Unterrichtsreihe *Entwicklungen und Verflechtungen in der Wirtschaft analysieren* statt. Zu Beginn der Unterrichtsreihe wurde das *Mutterland* der Industrialisierung (England) behandelt und warum es grade hier zu diesem Prozess kam. Als zentrale Triebfedern wurden die begünstigenden Standortfaktoren der Region besprochen (Erz- und Kohlevorkommen, Infrastruktur, technische Neuerungen, Arbeitskräftepotential sowie das erforderliche Know-how). Daraufhin wurden diese Vorraussetzungen auf Deutschland übertragen und weitere topographische sowie anthropogene Faktoren des wirtschaftlichen Booms des Ruhrgebietes analysiert. Darauf folgten die Ursachen und Folgen der wirtschaftlichen Krise in dieser Region. Die Hauptgründe

---

[1] Schülerinnen und Schüler werden im Folgenden als Schüler bezeichnet

waren zum einen die nicht mehr vorhandene Wettbewerbsfähigkeit der „Ruhrpottsteinkohle", sowie zum anderen die Verringerung der globalen Nachfrage von Stahl aufgrund technischer Neuerungen der Baubranche (z.B. Kunststoff). Als Folgen dieser Krise wurden Arbeitslosigkeit und Abwanderungen aus dem Ruhrgebiet benannt. An diese Wissensgrundlage knüpft das Thema der Lehrprobenstunde nahtlos an, da ein weiterer Wandel des Ruhrgebietes die Reaktion auf die beschriebene Krise ist.

## 3    Relevantes Eingangsverhalten

Die Schüler...

- ...kennen den geographischen Ort Bochums in zentraler Lage des Ruhrgebiets.
- ...kennen die Wirtschaftsstruktur Bochums um 1960.
- ...kennen das Modell der Wirtschaftssektoren.
- ...kennen die Hauptgründe für den wirtschaftlichen Aufstieg und für die Krise des Ruhrgebietes.
- ...können Arbeitslosigkeit und Abwanderungen als zeitnahe Folgen der Krise erklären.
- ...kennen den Begriff und die Bedeutung des Strukturwandels aller Voraussicht nach nicht.
- ...sind mit der Methode der Karten-, sowie der Diagrammauswertung vertraut, bedürfen jedoch noch der Unterstützung und Übung bei der fachsprachlichen und vollständigen Beschreibung und Auswertung.

## 4    Didaktische Entscheidungen

Das niedersächsische Kerncurriculum im Fach Erdkunde schreibt im Kompetenzbereich Fachwissen die Behandlung „*regionale*[r] [...] *wirtschaftsräumliche*[r] *Verflechtungen in Landwirtschaft* [...] *und Industrie (z.B. Ruhrgebiet*"[2]) fest. Ähnliche inhaltliche Ziele lassen sich weiterhin im Fach Politik – Wirtschaft finden: „*Wirtschaftlicher Strukturwandel und seine Auswirkungen auf das Beschäftigungssystem*"[3]. Da dieser Inhalt im Politik - Wirtschaftunterricht im Schuljahr 10/1 angesiedelt ist, kann, in enger Absprache des dazugehörigen Fachlehrers im Sinne eines fächerübergreifenden Lernens unterrichtet werden. Im Erdkundeunterricht sollten bei der Behandlung dieser Thematik speziell der Wandel des zu behandelnden Raumes und die Folgen für die Menschen deutlich werden[4].
Dieser Aspekt lässt sich besonders am Raumbeispiel Bochum deutlich machen. Der Strukturwandel lässt sich an kaum einer anderen Stadt so veranschaulichen. Zu Beginn der Kohlekrise (1958) lassen sich in der Karte Bochums (von 1960) noch 17 Zechen (neun davon im Kartenabschnitt[5]), fünf Eisenverhüttungs- und Stahlindustrien und drei Elektronikbetriebe ausmachen. Die Zahl der Gesamtbeschäftigten im sekundären Sektor lag 1961 bei 110.100[6]. Als Folge der bereits beschriebenen Krise wurden in diesem Raumbeispiel bis 2006 fast sämtliche angesprochene Strukturen geschlossen und

---

[2] Niedersächsisches Kultusminesterium (2008), S. 13
[3] Niedersächsisches Kultusminesterium (2006): S. 17
[4] Viehaber, C. & Schmidt- Wulffen, W. (1999): Seite 124.
[5] Knippert, U. (2008): Seite 54
[6] Michael, T. (2009): Seite 37

sind in der Karte größtenteils nicht mehr zu erkennen. Die Beschäftigungszahl im sekundären Sektor sank dabei drastisch auf 34.420[7].

Der Strukturwandel äußert sich in Bochum in vielfältiger Weise. Es entstanden z.B. zwölf Zentren im Kartenausschnitt mit überwiegend Dienstleitungsbetrieben (z.B. Einkaufszentrum „Ruhrpark"), eine Fachhochschule in Altenbochum und sechs Standorte mit einer vielfältigen Branchenstruktur. Die Auswahl des Kartenmaterials begründet sich in der besseren Übersichtlichkeit (Aufgliederung der Sektoren in Karte und Legende) des Haack Weltatlasses gegenüber dem Diercke Weltatlas, da der Wandel zum Dienstleistungszentrum hier vergleichend nicht so deutlich zu erkennen ist. Vielmehr sind die historischen Karten des Atlasses auf die Errichtung der Opelwerke konzentriert. Da die Ebene des sekundären Sektors hier nicht verlassen wird, ist die alternative Kartenauswahl gerechtfertigt. Die Anzahl der Beschäftigten in Bochums tertiären Sektor stieg zwar seit der Krise um 17.900 (Stand 2006), welches hervortretend auf die Existenz der Fachhochschule zurückzuführen ist (7.700). Damit hat der tertiäre- bzw. quartäre Sektor den sekundären Sektor weit überholt, jedoch konnte dieser Sektor bei weitem nicht den kompletten Arbeitsplatzverlust der post Krisenzeit auffangen. Dieser erste Eindruck der negativen Bewertung des Wandels gilt es jedoch weiterhin zu beleuchten, denn es bleibt Ungewiss, wie sich die Stadt ohne den Strukturwandel entwickelt hätte. Durch die Schließung zahlreicher Industriebranchen würde es folglich auch zu einer Reduktion des tertiären Sektors kommen.

Das eingeführte Schulbuch[8] wird in dieser Stunde nicht verwendet, da der Strukturwandel des Ruhrgebietes hier in einer darbietenden Form präsentiert wird und somit kein eigener Lernzuwachs und Erkenntnisgewinn zu verzeichnen wäre. Das Beispiel Bochum steht somit als ein repräsentatives Exempel[9] für den Strukturwandel in altindustriellen Räumen. Das Thema hat einen besonderen Stellenwert für die Progression des Lernfortschrittes in dieser Unterrichtsreihe. Die in dieser Stunde erarbeitete dominierende Wirtschaftsstruktur ist die Grundlage für spätere Verknüpfungen und Erklärungsmuster der Globalisierung. Somit wird kein „Inselwissen" gebildet, sondern im Sinne eines kumulativen Lernens gehandelt. Dies lässt sich auch anhand der vorhergehenden Stunden nachweisen.

Durch die fortschreitende Tertiärisierung in Deutschland[10] liegt eine starke Gegenwarts- und Zukunftsbedeutung für die Schüler vor. Der Trend zur Dienstleistungsgesellschaft nimmt dabei direkten Bezug zur eigenen Ausbildung der Schüler in der Schule und kann Chancen und Risiken des Arbeitsmarktes offen legen.

Da es während der Stunde, anknüpfend an die Kartenanalyse, noch zu einer Bewertungs- bzw. Vertiefungsphase kommen wird, wurde die Analyse der Karte Bochums im Jahr 1960 als vorentlastende Hausaufgabe am Montag (31.05.2010) gestellt. Die Bewertung des Strukturwandels erfolgt anhand eines Diagramms (zwei Balkendiagramme zur absoluten Beschäftigungsverteilung in Bochum nach Wirtschaftssektoren der Jahre 1961 und 2007) mit dem Ziel der Erkenntnis, dass der Arbeitsplatzverlust eines ehemals monostrukturiert geprägten Raumes nur partiell durch den Strukturwandel aufgefangen werden kann. Die Auswirkungen der Krise sind bis heute nachzuvollziehen: Die Differenz der

---

[7] ebd.
[8] Stonjek, (2008)
[9] Klafki (1969): Seite 15
[10] Bell (1996): Seite 92

Gesamtbeschäftigungszahl in Bochum zwischen 1961 und 2007 beträgt 57.780. Dies bedeutet, dass bis 2007 lediglich 67,5%, gemessen am Ausgangsjahr, die Gesamtarbeitsplatzzahl in Bochum gehalten werden konnte. Im tertiären und quartären Sektor entstanden in diesem Zeitraum **17.900** neue Arbeitsplätze (7.700 davon in den Hochschulen). Vergleicht man den Arbeitsplatzverlust des Industriesektors (**76.680**), so ergibt sich die folgende Erkenntnis: Der Beschäftigungsverlust im Zeitraum 1965 – 2006 ist 4,3 mal höher als die Erschaffung neuer Arbeitsplätze im tertiären und quartären Sektor.

Ein besonderes Lerninteresse ergibt sich, wie eingangs erwähnt[11], aus der Nähe des Schulortes zum Ruhrgebiet. Besonders die Errichtung großer Einkaufszentren in dieser Region ist in ihrer Erfahrungswelt präsent (Beispiel CentrO: ca. 100 km vom Wohnort der Schüler [Gronau und Epe] entfernt) und knüpft somit an deren Vorkenntnisse an. Das Ruhrgebiet hat sich weiterhin auf einer anderen Ebene in den Gedankengebäuden der Schüler manifestiert: Schornsteine, Kohlegruben, Lärm und Luftverschmutzung prägen noch heute die Vorstellungen über die Region. Diese beiden Perspektiven herrschen demnach schon in der Gedankenwelt der Schüler vor. Die Materialien und der Aufbau der Stunde (siehe methodische Entscheidungen) werden diese Perspektiven aufgreifen und für ein aktuelles und ganzheitliches Verständnis nutzen.


## 5 Stundenziel

Die Schüler sollen am Beispiel Bochum exemplarisch den Strukturwandel altindustrieller Räume erkennen, erklären und bewerten können, indem sie die Wirtschaftskarten und Beschäftigungszahlen aus dem Jahre 1960 und 2006 vergleichen.


## 6 Lernziele

Die Schüler können…

1. die Beschaffenheit der Wirtschaftsstruktur Bochums im Jahre 1960 beschreiben, indem sie die Inhalte der Wirtschaftskarte Bochums um 1960 herausarbeiten.
2. die zeitnahen Hauptfolgen der sich einleitenden Krise im Ruhrgebiet (Schließung der Industriebetriebe, Arbeitslosigkeit und Abwanderungen) benennen und Reaktionshandlungen der Wirtschaft formulieren.
3. die Beschaffenheit der Wirtschaftsstruktur Bochums im Jahre 2006 beschreiben, indem sie die Inhalte der Wirtschaftskarte Bochums um 1960 herausarbeiten.
4. die zeitliche Veränderung des örtlich dominierenden Wirtschaftssektors mit dem Fachtermini Strukturwandel definieren und erklären.
5. zu Bochums Strukturwandel kritisch Stellung nehmen, indem sie die Beschäftigungsentwicklung und Entwicklung der absoluten Wirtschaftsstandorte nach Sektoren Bochums von 1961-2007 vergleichen.

---

[11] siehe Bemerkungen zur Lerngruppe

# 7    Methodische Entscheidungen

Zur Verdeutlichung der naturwissenschaftlichen Arbeitsweisen und des Wegs der Erkenntnisgewinnung ist die Stunde problemorientiert gestaltet und folgt dem forschend-entwickelnden Unterrichtsprinzip nach Schmidkunz-Lindemann[12].

Die Lehrprobenstunde wird durch die Präsentation der Hausaufgabe eröffnet, die am Montag (31.05.2010) gestellt wurde. Zu Gunsten eines fortschreitenden Lernprozesses, einer besseren Veranschaulichung der Ergebnisse und aus Gründen der Zeitersparnis wurde die Hausaufgabe von drei Schülern zu heute bereits auf Folie angefertigz. Die übrigen Schüler haben die Hausaufgabe ebenfalls in Einzelarbeit entwickelt. Somit werden ihre Ergebnisse zeitgleich vorliegen können. Etwaige Verbesserungen  können sie so ebenfalls direkt vornehmen. Im Sinne des konstruktivistischen Lernens[13] - ohne Lerninhalte vorwegzunehmen, wurde der Titel der Karte  (ehemals: *„Strukturwandel in Bochum Kohlebergbau, Schwerindustrie – Dienstleistungsstandort"[14]*) retuschiert. Nach der Präsentation der Hausaufgabe (mittels des Tageslichtprojektors I) wird es zu einer Schüler-Schüler-Interaktion kommen, in der der präsentierende Schüler Fragen und Ergänzungen durch die übrige Lerngruppe entgegennimmt. Kommt es in dieser Unterrichtsphase zu Mängeln in der Fachsprache, treten Rechtsschreibfehler auf oder kommt es zu überschwänglichen Beschreibungen des Karteninhaltes, die nicht mehr im Sinne des Stundenziels sind, werde ich an diesen Stellen nachschärfen. Kommt es während oder nach der Präsentation nicht zu der erwarteten zusammenfassenden Verbalisierung des Inhaltes durch die Schüler (Dominanz des sekundären Wirtschaftssektors), werde ich diese Absicht mittels weiterführender visueller Impulse fortführen. Das Tafelbild wird augenblicklich durch den Namen des Raumbeispiels und durch einen Zeitstrahl ergänzt. Ich werde das Jahr 1960 nahe dem Zeitstrahlenbeginn abtragen und an dieser Stelle die von den Schülern genannte dominierende Wirtschaftsstruktur (sekundärer Sektor) eintragen. Durch diesen Zeitstrahl wird in Nähe des Jahres 1960 nun ein roter Blitz von mir ins Tafelbild integriert. Durch diesen visuellen Impuls erhoffe ich mir dessen spontane Benennung durch die Schüler: *Krise*. Folgend sind, aufgrund der besseren Übersichtlichkeit der Zusammenhänge der Thematik und aufgrund der *„immanent wichtigen Wiederholungen"[15]* die Ursachen und Folgen der Krise im Ruhrgebiet mündlich zu nennen. Hier bietet es sich außerdem an, besonders stille und bis dahin unbeteiligte Schüler mit in das Unterrichtsgeschehen zu integrieren und somit zu aktivieren. Die Folgen sollen sich dabei speziell auf die Existenz der Unternehmen des sekundären Sektors beziehen. Kommt es an dieser Stelle nicht zu den gewünschten Schüleräußerungen, werde ich den Begriff *Folge* rechts neben den dominierenden Sektor ins Tafelbild aufnehmen und erwarte Schüleräußerungen, die diesen Prozess z.B. als *Abnahme, Schwund oder Auflösung* beschreiben. Der Problemaufriss wird durch die Integration eines weiteren Pfeils (vom dominierenden sekundären Sektor hin ins „Ungewisse") im Tafelbild eingeleitet. Das Ungewisse wird visuell durch ein großes Fragezeichen zusätzlich unterstützt. Ich werde die Schüler darauf hinweisen dieses Fragezeichen nicht ins Arbeitsheft aufzunehmen, da dieses nach einer weiteren Erarbeitungsphase wieder von der Tafel fortgewischt wird.

---

[12] Schmidkunz & Lindemann, (2003)
[13] Reich (2006)
[14] Haak Weltatlas (2008): Seite 54
[15] Schmidkunz & Lindemann (2003) Seite 31

Somit können die Schüler nachkommend ein sauberes und vollständiges Tafelbild übernehmen. Die Problemfrage hier lautet: „Welche Maßnahmen kann Bochum gegen die Krise ergreifen?". Die Hinleitung zu dieser Problemfrage erfolgt in erster Linie durch die beschriebenen Impulse. Kommt es an dieser Stelle zu Schwierigkeiten bei der Formulierung der Problemfrage durch die Schüler werden zusätzliche verbale Impulse folgen. Bei der Bildung der Hypothesen werde ich an die Lebenswelt der Schüler anknüpfen. Wie bereits beschrieben, dient hier die räumliche Nähe zum Ruhrgebiet als möglicher erleichternder Faktor zur Hypothesenbildung. Die Hypothesen werden an der linken Tafelseite manifestiert. Zur Verifizierung bzw. Falsifizierung der Hypothesen (welche Maßnahmen wurden in Bochum ergriffen?) werden die Schüler weiterführendes Material in Form einer aktuellen Wirtschaftskarte Bochums fordern. Diese Karte wird mittels des Tageslichtprojektors II an die vordere rechte Wandseite projiziert. Das methodische Vorgehen der Auswertung der Wirtschaftskarte von 2006 gleicht der Vorgehensweise bei der Erarbeitung der Hausaufgabe. Somit kann auf eine visuelle Aufgabenstellung verzichtet werden. Der Vorteil ist außerdem, dass durch dieses Entfernen die noch unbekannte Wirtschaftskarte von 2006 größer und somit übersichtlicher an die Wand projiziert werden kann. Somit wird es auch den weiter hinten sitzenden Schülern ermöglicht sich bei der Beschreibung der Karte mit zu integrieren und dem Unterrichtsverlauf besser zu folgen. Die dominierende Wirtschaftsstruktur (tertiärer Sektor) wird von den Schülern nun herausgearbeitet und von mir anschließend anstelle des Fragezeichens substituiert. Dieses Vorgehen dient außerdem der Verifizierung der von den Schülern erstellten Hypothesen.

Der nächste Schritt dient der Einführung des Fachbegriffes „Strukturwandel". Zur visuellen Unterstützung und zum tieferen Verständnis werden dabei zeitgleich beide Tageslichtprojektoren verwendet (Projektor I wirft dabei die Wirtschaftskarte um 1960 an die Wand und Projektor II präsentiert die Wirtschaftskarte von 2006). Hier erwarte ich von den Schüler für den Pfeil im Tafelbild (vom sekundären- hin zum tertiären Sektor) eine Bezeichnung. Vermutlich wird der Begriff *Wandel* oder *Veränderung* (im Idealfall Strukturwandel) verlautet. Erfolgt dies jedoch nicht, folgen weitere verbale Impulse. Die konkrete Begriffsdefinition wird entweder von den Schülern, je nach Qualität der Schüleraussagen, oder von mir formuliert und an der rechten Tafelhälfte gesichert. Somit kann nun die Überschrift der heutigen Stunde „Strukturwandel Bochums" verfasst werden. Es folgt ein stummer Impuls, der die Bewertung des Strukturwandels einleiten soll. Greift dieser nicht, wird es zur verbalen Nachschärfung des nächsten Stundenziels (kritische Stellungsnahme) kommen. Zur kritischen Auseinandersetzung mit dem Stundeninhalt wird es folgend mittels eines Arbeitsblattes zu einer Gegenüberstellung der Anzahl und der Verteilung der Beschäftigten in den Wirtschaftssektoren in Bochum der Jahre 1961 und 2007 (die hier leicht abweichenden Jahresangaben der Diagrammquelle sehe ich nicht als Gefährdung der Lernprogression) kommen. Die Erarbeitung erfolgt in Partnerarbeit. Diese Sozialform ermöglicht den Schülern den direkten Austausch mit ihren Mitschülern und fördert die fachliche Kommunikation. Aufkommenden Schwierigkeiten einzelner Schüler bei der Bearbeitung der Materialien kann somit entgegengewirkt werden. Im Gegensatz zur Erarbeitung im Plenum erhoffe ich mir durch dir Partnerarbeit eine Aktivierung der passiven Schüler. Nach dem Ende der Erarbeitungsphase folgt die Präsentation der Ergebnisse durch die Schüler mittels einer Folienpräsentation am Tageslichtprojektor I oder II. Das anschließende Auswertungsgespräch, sowie etwaige Nachschärfungen meinerseits, geschehen methodisch wie eingangs beschrieben. Als abschließender Aspekt wird durch die Schüler ein Fazit formuliert. Dies geschieht, indem ich Fazit als stummen Impuls mit in das Tafelbild integriere. Formulieren die Schüler ein zu einseitig ausgerichtetes Fazit, wird es aller Voraussicht nach zu einer Schüler-Schüler-Diskussion kommen. Ansonsten werde ich die Schüler durch verbale Impulse zu einem weitsichtigeren Fazit anleiten.

## 8  Tabellarischer Unterrichtsverlauf

| | Unterrichtsphase/ Inhalt | Sozialform | Medium | Lernziel(e) |
|---|---|---|---|---|
| 1 | **Stundeneinstieg** | | | |
| | Präsentation der Hausaufgabe | SP | Tageslichtprojektor I, Folie | 1 |
| 2 | **Problematisierung** | | | |
| | Verdeutlichung der Zukunftsaussichten Bochums im Tafelbild <br> <u>Entwicklung der Problemfrage:</u> <br> Welche Maßnahmen kann Bochum gegen die Krise ergreifen? | LSG, SSG | Tafel | |
| 3 | **Hypothesenbildungsphase** | | | |
| | • Verkauf/ Stilllegung der Industrieanlagen <br> • Umstrukturierung der Wirtschaft | SÄ (LSG) | Tafel | 2 |
| 4 | **Methodendiskussion** | | | |
| | • Nennung von Überprüfungsmöglichkeiten der wirtschaftlichen Entwicklung | LSG | | |
| 5 | **Erarbeitungsphase** | | | |
| | • Analyse der Wirtschaftskarte Bochums von 2006 <br> • Vergleich der Wirtschaftsstrukturen von 1960 und 2006 | LSG, SSG | Tageslichtprojektor II | 3, 4 |
| 6 | **Vertiefung/ Bewertung** | | | |
| | • Beschreibung und kritische Stellungnahme zu der Beschäftigungsentwicklung Bochums von 1961-2007 nach Wirtschaftssektoren | PA, SSG (LSG) | AB1, Tageslichtprojektor, Folie | 5 |
| 7 | **Hausaufgabe** | | | |
| | • 1. Analysiere den Song „Bochum" (1985) von Herbert Grönemeyer hinsichtlich der dort be- | EA | AB2 | |

| | schriebenen Wirtschaftsstruktur.<br>• Schreibe einen ähnlichen Song, der den Titel „Bochum 2006" trägt. | 8-9 | | |

# 9 Literatur


**Bell, D. (1985):** Die nachindustrielle Gesellschaft. Frankfurt: Campus.

**Klafki, W. (1969):** Didaktische Analyse als Kern der Unterrichtsvorbereitung. In: Roth, H. & Blumental, A. (Hrsg): Auswahl, Didaktische Analyse S.5-34. Hannover: Schroedel.

**Knippert, U. (2008):** Haack Weltatlas: Gotha. Klett-Perthes Verlag GmbH.

**Michael, T. (2009):** Diercke Weltatlas. Braunscheig: Westermann.

**Reich, K. (2006):** Konstruktivistische Didaktik - Ein Lehr- und Studienbuch mit Methodenpool auf CD. Weinheim: Beltz und Gelberg.

**Schmidkunz, H. & Lindemann, H. (2003):** Das forschend-entwicklende Unterrichtsverfahren - Problemlösen im naturwissenschaftlichen Unterricht. Hohenwarsleben: Westrap Wissenschaften Verlagsgesellschaft.

**Stonjek, D. (Hrsg.) (2008):** Diercke Erdkunde für Niedersachsen Gymnasium 9/10. Braunschweig: Westermann Schroedel Diesterweg Schöningh Winklers GmbH.

**Vielhaber, V. & Schmidt-Wulffen W. (1999):** Braucht die Erdkunde den Raum? In: Schmidt Wulffen, D. & Schramke, W. (Hrsg.): Zukunftsfähiger Erdkundeunterricht. Trittsteine für Unterricht und Ausbildung S. 97-127. Stuttgart: Klett-Perthes.

**Internetquellen**

**Niedersächsisches Kultusministerium (2008)**
Kerncurriculum für das Gymnasium Schuljahrgänge 5-10 Erdkunde.
Unter: http://db2.nibis.de/1db/cuvo/datei/kc_gym_erdk_08_nib2.pdf,
Eingesehen am 09.05.2010

**Niedersächsisches Kultusministerium (2006)**
Kerncurriculum für das Gymnasium Schuljahrgänge 5-10 Politik Wirtschaft.
Unter: http://db2.nibis.de/1db/cuvo/datei/kc_gym_powi_nib.pdf,
Eingesehen am 09.05.2010


# 10 Anhang

| | |
|---|---|
| I | Geplantes Tafelbild |
| II | Kommentierter Sitzplan |
| III | Arbeitsblatt zur vorentlastenden Hausaufgabe |
| IV | Wirtschaftskarte Bochums 2006 |
| V | AB1 |
| VI | Hausaufgabe zur nächsten Stunde |
| VII | Mögliche Schülerfolie (vorentlastende Hausaufgabe) |
| VIII | Mögliche Schülerfolie (Vertiefung) |

**ANHANG**
**I Geplantes Tafelbild**

<table>
<tr>
<td valign="top">

<u>Hypothesen:</u>
- Umstrukturierung der Wirtschaft
- Verkauf/ Vermietung der Industrieanlagen

</td>
<td valign="top">

02.06.2010

<u>**Strukturwandel Bochums**</u>
Frage: Welche Maßnahmen kann Bochum gegen die Krise ergreifen?

**Bochum**

1960    **Krise**      2006

Folge:
Abschwächung

**Sekundärer Sektor** dominiert die Wirtschaftsstruktur

→ Monostruktur

**Strukturwandel**

**Tertiärer Sektor** dominiert die Wirtschaftsstruktur

**Fazit:** der Strukturwandel in Bochum konnte der Krise im Ruhrgebiet nicht vollständig entgegenwirken.

</td>
<td valign="top">

**Strukturwandel:**
Wandel der dominierenden Wirtschaftssektoren!
Zumeist
II → III (IV)

**Gewerbepark:**
Mix aus Dienstleistungs- und Handwerksbetrieben

</td>
</tr>
</table>

**II Kommentierter Sitzplan**

<table>
<tr><td></td><td></td><td></td><td>12</td><td></td><td></td><td></td></tr>
<tr><td></td><td></td><td></td><td></td><td></td><td></td><td></td></tr>
<tr><td></td><td></td><td></td><td></td><td></td><td></td><td></td></tr>
<tr><td></td><td></td><td></td><td></td><td></td><td></td><td></td></tr>
<tr><td></td><td></td><td></td><td></td><td></td><td></td><td></td></tr>
<tr><td></td><td></td><td></td><td></td><td></td><td></td><td></td></tr>
<tr><td></td><td></td><td></td><td></td><td></td><td></td><td></td></tr>
<tr><td></td><td></td><td></td><td></td><td></td><td></td><td></td></tr>
</table>

| Quantität der<br>mündlichen Leistungen | / Note der Klassenarbeit / | Qualität der<br>mündlichen Leistungen |
|:---:|:---:|:---:|
| + + | sehr häufig / sehr gut | + + |
| + | häufig / gut | + |
| o | wechselhaft / befriedigend | o |
| - | selten / schwach | - |
| - - | sehr selten / sehr schwach | - - |

**III Arbeitsblatt zur vorentlastenden Hausaufgabe Arbeitsauftrag**
Erstelle stichpunktartig eine Liste, die Aufschluss über die Wirtschaftsstruktur Bochums gibt
(Wirtschaftsbranche: Anzahl und Größen der Unternehmen).

Karte von Bochum um 1960

Quelle: *Haack Weltatlas, S. 54*

**M 2**

**IV Wirtschaftskarte Bochums 2006**

Quelle: *Haack Weltatlas, S. 54*

# M 3

Statistik zu den Beschäftigten in Bochum von 1961 bis 2007

Quelle: Dierke Weltatlas S. 37

Arbeitsaufträge:

1. Beschreibe die Entwicklung der Beschäftigungszahlen in Bochum von 1961 – 2007
   nach Wirtschaftssektoren in tabellarischer Form.
2. Nimm zu folgender These **kritisch** Stellung: „Der Strukturwandel Bochums war bis-
   her **nicht** erfolgreich".

## **<u>Hausaufgabe</u> zu Montag (07.06.2010)**

## Song: „Bochum" von Herbert Grönemeyer (1985) erste Strophe

…

<u>Arbeitsaufträge:</u>

**1.** Analysiere den Song „Bochum" (1985) von Herbert Grönemeyer hinsichtlich der dort beschriebenen Wirtschaftsstruktur.

**2.** Schreibe einen ähnlichen Song, der den Titel „Bochum 2006" trägt.

**VII Mögliche Schülerfolie (vorentlastende Hausaufgabe) Arbeitsauftrag**
Erstelle stichpunktartig eine Liste, die Aufschluss über die Wirtschaftsstruktur Bochums gibt (Wirtschaftsbrache: Anzahl und Größen der Unternehmen).

Karte von Bochum
Quelle: *Haack Weltatlas, S. 54*

**Steinkohlebergbau:**
- 9 Unternehmen

**Eisenverhüttung, Stahlerzeugung**:
- 5 Unternehmen (davon 2 besonders große)

**Schwerindustrie, Walzwerk:**
- 6 Unternehmen **Metallverarbeitung, Maschinenbau:**
- 9 Unternehmen

**Metallwaren, Werkzeuge**
- 1 kleines Unternehmen

**Elektronik**
- 3 Unternehmen

**Chemie, Kunststoffe:**
- 2 Unternehmen

**Nahrungsmittel:**
- 2 Unternehmen

⇓

**Sekundärer Sektor dominiert die Wirtschaftsstruktur**

**VIII Mögliche Schülerfolie (Vertiefung)**

Statistik zu Beschäftigte in Bochum von 1961 bis 2007
Quelle: Diercke Weltatlas S. 37


**Aufgabe 1:**
**Auffällige Wandlungen der Werte Bochums von 1961 → 2007**

<table>
<tr><td align="center">Arbeitsplatzverlust des sekundären Sektors:<br>76680</td><td align="center">Schaffung neuer Arbeitsplätze im tertiären und quintären Sektor:<br>17900</td></tr>
</table>

**Arbeitsplatzverlust absolut:**
57780

**Verhältnis von Arbeitsplatzverlust zur Schaffung von neuen Arbeitsplätzen:**
4,3 : 1

**Aufgabe 2:**
**Der Strukturwandel in Bochum konnte der Krise im Ruhrgebiet nicht vollständig entgegenwirken. Dennoch ist die Bereitstellung und Schaffung neuer Arbeitsplätze im tertiären und quintären Sektor ein klares Zeichen dafür, dass Bochum durchaus positive Zukunftsaussichten hat.**